山东省

常绿阔叶树种资源与利用

SHAN DONG CHANGLU KUOYE
SHUZHONG ZIYUAN YU LIYONG

◎ 主编　孟凡志　臧德奎

中国林业出版社

图书在版编目（CIP）数据

山东省常绿阔叶树种资源与利用 / 孟凡志，臧德奎 主编 . -- 北京 : 中国林业出版社，2017.6
ISBN 978-7-5038-9062-8

Ⅰ . ①山… Ⅱ . ①孟… ②臧… Ⅲ . ①常绿阔叶林—树种—研究—山东
Ⅳ . ① S718.54

中国版本图书馆 CIP 数据核字 (2017) 第 137413 号

中国林业出版社
责任编辑：李 顺 薛瑞琦
出版咨询：（010）83143569

出 版：中国林业出版社（100009 北京西城区德内大街刘海胡同 7 号）
网 站：http://lycb.forestry.gov.cn/
印 刷：北京卡乐富印刷有限公司
发 行：中国林业出版社
电 话：（010）83143500
版 次：2017 年 8 月第 1 版
印 次：2017 年 8 月第 1 次
开 本：889mm × 1194mm 1 / 16
印 张：6.5
字 数：200 千字
定 价：80.00 元

山东省常绿阔叶树种资源与利用

编委会

主　　编　孟凡志　臧德奎

副 主 编：张永艳　刘国兴　谢兰禹

编　　者：李际红　陈兴振　郭先锋　刘洪林

吴其超　朱晓莉　王富献

前言 PREFACE

我国北方地区冬季寒冷而且持续时间较长，城市园林中以落叶树种构成的植物景观在冬季往往一片萧索，虽然有耐寒的常绿针叶树种可供使用，但相对于常绿阔叶树种而言，大多数针叶树种的色彩较为灰暗，而且树形、叶形及质感较为单一，造成了漫长的冬季园林景观单调，缺乏绿意盎然的生机。而常绿阔叶树种的色彩一般比较明快，大多表现为亮绿色，因而比针叶树种更能体现生机和活力。

常绿阔叶树种主要分布于热带和亚热带地区，但由于树种本身遗传特性的差异，有些种类在山东存在野生的天然分布，如照山白、大叶胡颓子、红楠；同时，林业及园林工作者多年的引种驯化也使得有些耐寒性强的常绿阔叶树能够在山东露地越冬，并在园林中广泛应用，如大叶黄杨、女贞等。调查表明，山东省共有露地生长的常绿阔叶树种 109 种，其中 12 种在省内存在野生的天然分布，97 种系由国内外引入栽培。有些种类已经成为园林中常见的树种，对于促进园林事业发展，丰富冬季绿地景观起到了很大作用，也有部分种类引种时间尚短，处于试验观察阶段。本书选择了栽培较为普遍或省内存在野生的常绿阔叶树种 90 种，从形态特征、省内野生和栽培分布情况、习性和用途等方面进行了论述。

本书的编写和出版，得到了中央财政林业科技推广示范项目（编号 2015-lkt03）和山东省农业良种工程重大课题林木种质资源收集保护与评价（鲁农良字[2010]6 号）资助。

由于著者水平有限，书中难免存在疏漏之处，敬请读者批评指正。

编 者

2017 年 1 月

目　录 CONTENTS

一. 常绿乔木

二. 常绿灌木

三．常绿藤本

四．竹类植物

常绿乔木

◆ 广玉兰（荷花玉兰、洋玉兰）

【学名】*Magnolia grandiflora* Linn.
【科属】木兰科、木兰属

常绿乔木，高达30m，树冠阔圆锥形。小枝、芽和叶片下面均有锈色柔毛。叶倒卵状椭圆形，长12~20cm，革质，表面有光泽，叶缘微波状。花杯形，白色，极大，径达20~25cm，有芳香，花瓣6~9枚，萼片3枚，花丝紫色。聚合蓇葖果圆柱状卵形，长7~10cm，种子红色。花期5~8月；果期10月成熟。

山东东部和中南部各地普遍栽培。原产北美东部。喜温暖湿润气候，耐短期–19℃低温；弱阳性，幼苗期耐阴；对土壤要求不严，但最适于肥沃湿润、富含腐殖质而排水良好的酸性土和中性土，在石灰性土壤和排水不良的黏性土或碱性土上生长不良。对烟尘和SO_2有较强的抗性。播种、扦插或嫁接繁殖。可孤植于草坪、水滨，列植于路旁或对植于门前；在开旷环境也适宜丛植、群植。

花

果实

叶背面

列植（昌邑）

孤植（德州）

列植（黄岛）

成熟果实

辉煌女贞丛植（黄岛）

◆ 女贞（大叶女贞）

【学名】*Ligustrum lucidum* Ait.
【科属】木犀科、女贞属

常绿乔木，高达25m，全株无毛。叶对生，卵形至卵状披针形，长6~17cm，宽3~8cm，上面光亮，侧脉4~9对，叶柄长1~3cm。圆锥花序顶生，长10~20cm，宽8~25cm；花白色，花冠裂片长2~2.5mm，反折，与花冠筒近等长。核果肾形或椭圆形，长7~10mm，径4~6mm，深蓝黑色，熟时呈红黑色，被白粉。花期6~7月；果期10~11月。

全省各地普遍栽培。原产长江流域至华南、西南各地，向西北分布至陕西、甘肃。喜光，稍耐阴；喜温暖湿润环境，不耐干旱瘠薄；适生于微酸性至微碱性土壤；抗污染。萌芽力强，耐修剪。播种、扦插繁殖。树冠端庄，可孤植、丛植于庭院、草地，也是优美的行道树和园路树。以其性耐修剪，亦适宜作绿篱材料。

辉煌女贞‘Excelsum Superbum’，叶缘乳黄色，入冬略带红晕。青岛栽培。

花序

辉煌女贞

道路绿化（德州）

新叶

果枝

花枝

红楠（崂山野生）

◆ 红楠（红润楠）

【学名】*Machilus thunbergii* Sieb. & Zucc.
【科属】樟科、润楠属

常绿乔木，高10~20m，径达1m，生于海边者常呈灌木状，小枝无毛，顶芽卵形或长卵形。叶倒卵形至倒卵状披针形，长5~13cm，宽3~6cm，先端钝或突尖，基部楔形，两面无毛，背面有白粉，侧脉7~12对。圆锥花序生于新枝基部，长5~12cm，花被片矩圆形，长约5mm。果扁球形，径0.8~1cm，熟时蓝黑色，果柄鲜红色。花期2~4月；果期7~8月。

分布于崂山及长门岩等沿海岛屿；青岛等地栽培。我国自山东以南至华东、华南、台湾均有分布。较耐阴；喜温暖湿润气候，也颇耐寒，是该属耐寒性最强的树种，抗海潮风；喜深厚肥沃的中性或酸性土。播种繁殖。树形端庄，枝叶茂密，新叶鲜红，是优良的园林观赏树种，适于沿海地区应用，宜丛植于草地、山坡、水边，也可作海岸防风林带树种。

红楠（黄岛栽培）

红楠（青岛植物园栽培）

◆ 樟树（香樟）

【学名】*Cinnamomum camphora*（Linn.）Presl.
【科属】樟科、樟属

常绿乔木，高达30m，树冠广卵形或球形，树皮灰黄褐色，纵裂。叶互生，近革质，卵形或卵状椭圆形，长6~12cm，宽2.5~5.5cm，边缘波状，下面微有白粉，脉腋有腺窝；离基3出脉。圆锥花序腋生，长3.5~7cm，花绿色或带黄绿色。果近球形，径6~8mm，紫黑色，果托盘状。花期4~5月；果期8~11月。

山东南部和东南部各地常栽培。分布于长江以南各地。较喜光；喜温暖湿润气候和深厚肥沃的酸性或中性砂壤土，稍耐盐碱；较耐水湿，不耐干旱瘠薄；有一定抗海潮风、耐烟尘和抗有毒气体能力，并能吸收多种有毒气体。播种繁殖，软枝扦插、根蘖也可。适于作庭荫树，常配植于池畔、山坡、高大建筑物旁或宽广的草地间，可孤植或丛植。

花序

新叶

树干

果实

枝叶

花枝

植株

枝叶

果实

花朵

◆ 枇杷

【学名】*Eriobotrya japonica*（Thunb.）Lindl.
【科属】蔷薇科、枇杷属

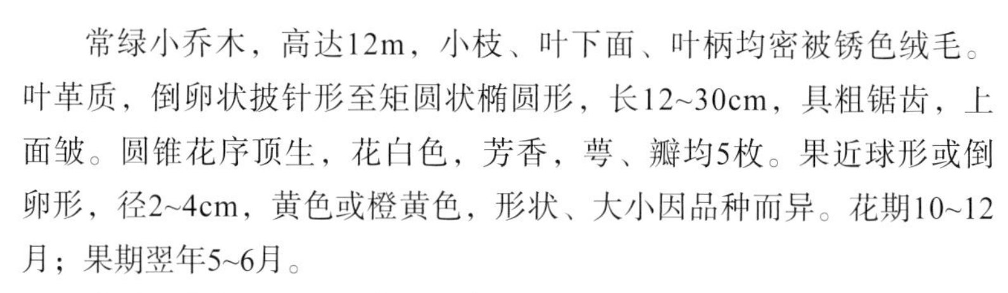

常绿小乔木，高达12m，小枝、叶下面、叶柄均密被锈色绒毛。叶革质，倒卵状披针形至矩圆状椭圆形，长12~30cm，具粗锯齿，上面皱。圆锥花序顶生，花白色，芳香，萼、瓣均5枚。果近球形或倒卵形，径2~4cm，黄色或橙黄色，形状、大小因品种而异。花期10~12月；果期翌年5~6月。

临沂、泰安、日照、枣庄、青岛、菏泽、济宁、济南等地栽培，在山东南部各地均可正常开花结实。产于甘肃南部、秦岭以南，西至川、滇，普遍栽培。喜光，稍耐阴；喜温暖湿润气候和肥沃湿润而排水良好的石灰性、中性或酸性土壤。播种繁殖。适于庭院栽培。

花枝

枇杷（青岛）

枇杷（泰安）

枝叶

◆ 大叶冬青（苦丁茶）

【学名】*Ilex latifolia* Thunb.
【科属】冬青科、冬青属

常绿乔木，高达20m，全体无毛。枝条粗壮，黄褐色或褐色。叶厚革质，光亮，矩圆形或卵状矩圆形，长达10~18 (28)cm，宽达4~7 (9)cm；叶缘疏生锯齿，齿端黑色，基部圆形或阔楔形，侧脉12~17对。聚伞花序组成圆锥状，生于2年生枝叶腋，花淡黄绿色，4基数，雄花花冠辐状，径9mm；雌花花冠直立，径5mm。果球形，径约7mm，深红色，经冬不凋。花期4月；果期9~10月。

青岛、临沂、枣庄等地栽培，在山东东南部生长正常，景观效果好。产于长江流域各地至华南、云南，华东及华南地区常见栽培。播种繁殖。可植为庭荫树。嫩芽用于制作苦丁茶。

花序

果枝

大叶冬青（青岛）

果枝

花枝

◆ 冬青

【学名】*Ilex chinensis* Sims
【科属】冬青科、冬青属

常绿乔木，高达13m，树冠卵圆形，小枝浅绿色，具棱线。叶薄革质，长椭圆形至披针形，长5~11cm，先端渐尖，基部楔形，有疏浅锯齿，表面有光泽，叶柄常为淡紫红色。聚伞花序生于当年嫩枝叶腋，花瓣淡紫红色，有香气。核果椭圆形，长8~12mm，红色光亮，干后紫黑色，分核4~5。花期4~6月；果期8~11月。

青岛、泰安、临沂、潍坊等地栽培。原产长江流域以南各地。喜温暖湿润气候和排水良好的酸性土壤，不耐寒，较耐湿。深根性，萌芽力强，耐修剪。播种繁殖。可用于庭院、公园造景，孤植、列植、群植均宜。

果枝

冬青（青岛）

枝叶

新叶

果实

◆ 石楠

【学名】*Photinia serratifolia*（Desf.）Kalkman
【科属】蔷薇科、石楠属

常绿乔木或灌木，高4~6m，有时高达12m，全株近无毛。枝条横展如伞，树冠近球形。叶革质，长椭圆形至倒卵状长椭圆形，长8~22cm，有细锯齿，侧脉20对以上，表面有光泽；叶柄粗壮，长2~4cm。复伞房花序顶生，直径10~16cm，花白色，径6~8mm。果球形，径5~6mm，红色。花期4~5月；果期10月。

全省各地栽培。产淮河流域至华南，北达秦岭南坡、甘肃南部。喜温暖湿润气候，耐–15 ℃低温；喜光，也耐阴；喜肥沃湿润、富含腐殖质而排水良好的酸性至中性土壤；较耐干旱瘠薄，不耐水湿。萌芽力强，耐修剪。播种或扦插繁殖。在公园绿地、庭园、路边、花坛中心及建筑物门庭两侧均可孤植、丛植、列植。适于修剪成型，用于庭院阶前或入口处对植、大片草坪上群植，或用作花坛的中心树。

花序

石楠（德州）

石楠（泰安）

石楠（青岛）

◆ 红花木莲

【学名】*Manglietia insignis*（Wall.）Blume　　　【科属】木兰科、木莲属

常绿乔木，高达30m，径达40cm，小枝无毛或幼嫩时节上被锈褐色柔毛。叶倒披针形或长圆状椭圆形，长10~26cm，宽4~10cm，光绿色，侧脉12~24对。花芳香，花朵大，花被片9~12，外轮3片腹面染红色或紫红色，向外反曲，中内轮6~9片直立，乳白色染粉红色，倒卵状匙形，长5~7cm。果实紫红色，长7~12cm。花期5~6月；果期9~10月。

青岛、枣庄等地栽培。产于湖南、广西、四川、贵州、云南、西藏等地，常散生于海拔900~1200m的常绿阔叶林中。耐阴，喜湿润、肥沃土壤。播种繁殖。红花木莲树形繁茂优美，花色艳丽芳香，为稀有名贵观赏树种。

红花木莲（青岛）

花朵

果实

枝叶

乐昌含笑（青岛）

花朵

枝叶

幼果

◆ 乐昌含笑

【学名】*Michelia chapensis* Dandy

【科属】木兰科、含笑属

常绿乔木，高15~30m，树皮灰色至深褐色。叶薄革质，倒卵形、狭倒卵形或长圆状倒卵形，长6.5~15cm，宽3.5~6.5cm，上面深绿色。花梗长4~10mm，花被片淡黄色，6片，芳香，外轮倒卵状椭圆形，长约3cm，宽约1.5cm，内轮较狭。聚合果长约10cm。花期3~4月；果期8~9月。

青岛黄岛等地栽培。产于广东、广西、湖南、江西、云南、贵州。喜温暖湿润的气候，生长适温15~32℃，也较耐寒；喜光，苗期喜阴；喜疏松、深厚肥沃、排水良好的酸性至微碱性土壤。抗大气污染并能吸收有毒气体。播种、扦插繁殖。花淡黄色、芳香，树干挺拔，树冠塔形，树荫浓郁，可孤植或丛植于园林中。

花

枝叶

果实

深山含笑（黄岛）

枝叶

◆ 深山含笑

【学名】*Michelia maudiae* Dunn　　　【科属】木兰科、含笑属

常绿乔木，高达20m，幼枝、芽和叶下面被白粉。叶革质，长圆状椭圆形或倒卵状椭圆形，长8~16cm，钝尖，侧脉7~12对，网脉在两面明显，叶柄长1~3cm，无托叶痕。花白色，芳香，花被片9，外轮倒卵形，长5~7cm，内两轮较狭窄。聚合果长10~12cm，蓇葖卵球形，先端具短尖头，果瓣有稀疏斑点。花期3~5月；果期9~10月。

青岛黄岛等地栽培。产于长江流域至华南。喜温暖湿润气候；要求阳光充足的环境，但幼苗期需阴蔽；喜生于深厚、疏松、肥沃而湿润的酸性土中。根系发达，萌芽力强。播种繁殖。树形端庄，是优良的园林造景树种，孤植、列植、群植均适宜。

◆ 蚊母树

【学名】*Distylium racemosum* Sieb. & Zucc.
【科属】金缕梅科、蚊母树属

常绿乔木，高达15~25m，栽培者有时呈灌木状，树冠开展呈球形。小枝和芽有盾状鳞片。叶厚革质，椭圆形至倒卵形，长3~7cm，宽1.5~3.5cm，先端钝或略尖，基部宽楔形，全缘。总状花序长约2cm，雄花位于下部，雌花和两性花位于上部，花无瓣，花药红色。果卵形，密生星状毛，花柱宿存。花期4~5月；果期9~10月。

泰安、青岛、济南、临沂、潍坊等地栽培。原产我国东南沿海。喜光，稍耐阴；喜温暖湿润气候，耐寒性不强；对土壤要求不严。萌芽力强，耐修剪。对烟尘和多种有毒气体有较强的抗性。播种或扦插繁殖。枝叶密集，树形整齐美观，常修剪成球形，适于草坪、路旁孤植、丛植，或用于庭前、入口对植；防尘、隔音效果好，亦适于作防护绿篱或分隔空间用。

雄花

果实

蚊母树（青岛）

枝叶

两性花

蚊母树（泰安）

枝叶

花枝

果枝

水丝梨（潍坊）

◆ 水丝梨

【学名】*Sycopsis sinensis* Oliv.　　　　【科属】金缕梅科、水丝梨属

常绿乔木，高达14m，嫩枝被垢鳞，顶芽裸露。叶长卵形或披针形，长5~12cm，无毛或下面初被星状毛；侧脉6~7对，全缘或中部以上疏生小锯齿。雄花序近头状，长约1.5cm，具花8~10朵，雄蕊10~11；雌花或两性花6~14朵组成短穗状花序，子房上位，花柱长3~5mm。果实长0.8~1cm。花期11月至翌年3月。

潍坊植物园栽培。产于长江流域至华南、西南。播种繁殖。可用于庭园丛植、孤植作绿荫树，也可列植。栽培者可呈灌木状，较耐阴，适于疏林、草地、水边丛植观赏，也可植为绿篱。

◆ 椤木石楠

【学名】*Photinia bodinieri* Lévl
【科属】蔷薇科、石楠属

常绿乔木，高6~15m，有时具刺。叶革质，长圆形、倒披针形，稀椭圆形，长5~15cm，宽2~5cm，有具腺的细锯齿，叶柄长8~15mm。花密集成顶生复伞房花序，径10~12cm，花径10~12mm，花瓣圆形，径3.5~4mm，先端圆钝，两面无毛，雄蕊20，花柱2。果球形或卵形，径7~10mm，黄红色。花期5月；果期9~10月。

泰安等地栽培。产于陕西、江苏、安徽、浙江、江西、湖南、湖北、四川、云南、福建、广东、广西、贵州，生于灌丛中。播种、扦插繁殖。常栽培于庭园，冬季叶片常绿并缀有黄红色果实，颇为美观。

花序

果实

新叶

枝刺

树形

◆ 木莲

【学名】*Manglietia fordiana* Oliv.　　　　【科属】木兰科、木莲属

常绿乔木，高达20m，嫩枝和芽有红褐色短毛，皮孔和环状托叶痕明显。叶狭倒卵形至倒披针形，长8~17cm，宽2.5~5.5cm，先端尖，基部楔形，背面灰绿色，常有白粉；叶柄红褐色。花单生枝顶，纯白色，花被片9，外轮较大而薄，椭圆形，长6~7cm，宽3~4cm。聚合蓇葖果卵形，长4~5cm，蓇葖深红色。花期5月；果期10月。

青岛崂山、即墨等地栽培。原产华南、西南，常生于海拔1200m以下的花岗岩、砂岩山地丘陵。喜温暖湿润气候和排水良好的酸性土壤；不耐干热；幼年耐阴，后喜光。播种繁殖。树形美观，花朵艳丽而清香，是美丽的园林树木。

花

枝叶

果实

木莲（崂山）

植株 花 枝叶 果实

◆ 月桂

【学名】*Laurus nobilis* Linn.　　　【科属】樟科、月桂属

常绿乔木，高达12m，易生根蘖而常呈灌木状，树冠长卵形。叶长圆形或长圆状披针形，长5~12cm，宽1.8~3.2cm，叶缘波状，网脉明显。雌雄异株，伞形花序腋生，开花前呈球形，苞片4枚，近圆形，外面无毛，内面被绢毛，花被裂片4，黄色。果实卵形，暗紫色。花期3~5月；果期8~9月。

青岛、临沂等地栽培。原产地中海沿岸各国，我国华东、台湾、四川、云南等地栽培。喜光，稍耐阴；喜温暖湿润气候和疏松肥沃土壤，在酸性、中性和微碱性土壤上均能生长良好，也较耐寒；耐干旱；萌芽力强。扦插或播种繁殖。枝叶茂密，四季常青，芳香宜人，是优美的观叶树种。

花序

叶片

果序

◆ 法国冬青（日本珊瑚树）

【学名】*Viburnum odoratissimum* Ker-Gawl. var. *awabuki*（K. Koch）Zabel ex Rumpl.
【科属】忍冬科、荚蒾属

常绿小乔木或大灌木，高达10m，枝条灰色或灰褐色，有凸起的小瘤状皮孔，近无毛。叶倒卵状矩圆形至矩圆形，很少倒卵形，长7~13 (16)cm，顶端钝或急狭而钝头，基部宽楔形，边缘常有较规则的波状浅钝锯齿，侧脉6~8对。圆锥花序通常生于具两对叶的幼枝顶，长9~15cm，直径8~13cm，花冠筒长3.5~4mm，裂片长2~3mm，花柱较细，长约1mm，柱头常高出萼齿。果核通常倒卵圆形至倒卵状椭圆形，长6~7mm。花期5~6月；果熟期9~10月。

临沂、青岛、泰安、济南、日照等地栽培。原产浙江和台湾，长江下游各地常见栽培。扦插繁殖为主，亦可播种。是一种很理想的园林绿化树种，因对煤烟和有毒气体具有较强的抗性和吸收能力，尤其适合于城市作绿篱或园景丛植。

法国冬青（青岛）

法国冬青绿篱（济南）

枝叶

幼果

果实

◆ 厚皮香

【学名】*Ternstroemia gymnanthera*（Wight & Arn.）Spragus
【科属】山茶科、厚皮香属

常绿小乔木或灌木，高3~8m，小枝粗壮，近轮生，多次分枝形成圆锥形树冠。叶倒卵形或倒卵状椭圆形，长5~8cm，全缘或略有钝锯齿，先端钝尖，叶基渐窄且下延，叶表中脉显著下凹，侧脉不明显。花淡黄色，径约1.8cm，浓香，常数朵聚生枝顶或单生叶腋。果球形，花柱及萼片均宿存，绛红色并带淡黄色。花期4~8月；果期7~10月。

青岛植物园栽培。原产长江流域以南至华南。喜阴湿环境，耐光，能忍受-10 ℃低温；喜腐殖质丰富的酸性土，能生于中性至微碱性土壤中；根系发达，抗风力强；萌芽力弱，不耐修剪；生长较慢。播种或扦插繁殖。花开时浓香扑鼻，叶片经秋入冬转为绯红色，分外艳丽；适于对植及列植，草坪、墙角或疏林下丛植，也可配植于假山石旁；抗污染，适于工矿区绿化。

厚皮香（青岛植物园）

花枝

◆ 樟叶槭

【学名】*Acer* Linnamomifolium Hayata　　　　【科属】槭树科、槭树属

常绿乔木，高10~20m，树皮粗糙，当年生嫩枝淡紫色，有淡黄色绒毛。叶革质，长圆状披针形或披针形，稀长圆状卵形，长8~11cm，宽3~5cm，全缘，上面绿色，无毛，下面被淡黄褐色绒毛，常有白粉；侧脉5~6对，叶柄淡紫色，嫩时有绒毛。伞房状花序，雄花与两性花同株，萼片淡绿色，长圆形，花瓣淡黄色，倒卵形，雄蕊长于花瓣。翅果长3~3.5cm，果翅张开成钝角。花期3月；果期7~9月。

青岛、临沂、潍坊等地栽培。原产长江流域南部至华南、贵州、四川。喜光，也耐阴；喜温暖湿润气候，也较耐寒，在南京生长良好，在山东东南部也可露地越冬；对土壤要求不严，较耐干旱瘠薄。播种繁殖。四季常绿，是优良的庭院观赏树种，适于丛植或群植，也是良好的山地风景林树种。

果枝

花枝

枝叶

花序

花期

叶片

果实

棕榈（黄岛）

棕榈（崂山）

棕榈（临沂）

◆ 棕榈

【学名】*Trachycarpus fortunei*（Hook.）H. Wendl.　　　　【科属】棕榈科、棕榈属

常绿乔木，高达15m，树干常有残存的老叶柄及其下部黑褐色叶鞘。叶形如扇，径50~70cm，掌状分裂至中部以下，裂片条形，坚硬，先端2浅裂，直伸，叶柄长0.5~1m，两侧具细锯齿。花淡黄色。果肾形，径5~10mm，熟时黑褐色，略被白粉。花期4~6月；果期10~11月。

临沂、枣庄、泰安、菏泽、青岛等地栽培。原产亚洲，我国分布甚广，长江流域及其以南各地普遍栽培。喜光，亦耐阴，苗期耐阴能力尤强；喜温暖湿润，亦颇耐寒；喜排水良好、湿润肥沃的中性、石灰性或微酸性黏质壤土，耐轻度盐碱，干旱、水湿；抗污染。浅根系，须根发达，生长较缓慢。播种繁殖。适于丛植、群植。

常绿灌木

◆ 大叶黄杨（冬青卫矛、正木）

【学名】*Euonymus japonicus* Thunb.
【科属】卫矛科、卫矛属

常绿灌木或小乔木，高达8m，全株近无毛。小枝绿色，稍有4棱。叶厚革质，有光泽，倒卵形或椭圆形，长3~6cm，先端尖或钝，基部楔形，锯齿钝。花序总梗长2~5cm，1~2回二歧分枝；花绿白色，4基数。果扁球形，淡粉红色，4瓣裂。种子有橘红色假种皮。花期5~6月；果期9~10月。

全省各地普遍栽培。原产日本南部，我国各地广为栽培。喜温暖湿润，有一定的耐寒性，在最低气温达–17 ℃左右时枝叶受害；较耐干旱瘠薄，不耐水湿；萌芽力强，极耐修剪；对各种有毒气体和烟尘抗性强。扦插繁殖。常用作绿篱，适于整形修剪成方形、圆形、椭圆形等各式几何形体，也可作基础种植材料或丛植于草地角隅、边缘。

金边大叶黄杨‘Ovatus Aureus’，叶片有宽的黄色边缘。银边大叶黄杨‘Albo-marginatus’，叶片有乳白色窄边。金心大叶黄杨‘Aurens’，叶片从基部起沿中脉有不规则的金黄色斑块，但不达边缘。此外，还有北海道黄杨，叶厚革质，倒卵形。

花序

金边大叶黄杨

果枝

整形修剪

枝叶

花枝

果实

◆ 黄杨（小叶黄杨、瓜子黄杨）

【学名】*Buxus sinica* (Rehd. & E. H. Wilson) W. C. Cheng
【科属】黄杨科、黄杨属

常绿灌木或小乔木，高达7m，树皮灰色，鳞片状剥落，枝有纵棱，小枝、冬芽和叶背面有短柔毛。叶厚革质，倒卵形、倒卵状椭圆形至倒卵状披针形，通常中部以上最宽，长1.5~3.5cm，宽0.8~2cm，先端圆钝或微凹，基部楔形，表面深绿色而有光泽，背面淡黄绿色。花序头状，腋生，花密集，雄花约10朵，退化雌蕊有棒状柄，高约2mm。果实球形，径6~10mm。花期4月；果期7~8月。

全省各地普遍栽培。产于华东、华中及华北南部。喜半荫，喜温暖气候和肥沃湿润的中性至微酸性土壤，也较耐碱，在石灰性土壤上能生长，抗烟尘，对多种有害气体抗性强。扦插繁殖。生长缓慢，耐修剪。最适于作绿篱和基础种植材。

黄杨古树（青岛）

整形修剪

黄杨植株（泰安）

◆ 红叶石楠

【学名】*Photinia fraseri* Dress　　　　【科属】蔷薇科、石楠属

常绿灌木或小乔木，高达4~6m，小枝灰褐色，无毛。叶互生，长椭圆形或倒卵状椭圆形，长9~22cm，宽3~6.5cm，边缘有疏生腺齿，无毛。复伞房花序顶生，花白色，径6~8mm。果球形，径5~6mm，红色或褐紫色。常见的有红罗宾‘Red Robin’和红唇‘Red Lip’两个品种。

鲁中南地区和胶东常见栽培。扦插繁殖。新梢和嫩叶鲜红，色彩艳丽持久，是著名的观叶树种。耐修剪，适于造型，景观效果美丽。

果实

整形修剪

花序

植株

绿篱

绿篱

花朵

◆ 金叶女贞

【学名】*Ligustrum × vicaryi* Rehd.　　【科属】木犀科、女贞属

常绿或半常绿灌木，高2~3m，幼枝有短柔毛。叶椭圆形或卵状椭圆形，长2~5cm，叶色鲜黄，尤以新梢叶色为甚。圆锥花序顶生，花白色。果阔椭圆形，紫黑色。

全省各地普遍栽培。由金边女贞与欧洲女贞杂交育成的，20世纪80年代引入我国，现广为栽培。性喜光；耐阴性较差，耐寒力中等；适应性强，以疏松肥沃、通透性良好的砂壤土为最好。扦插繁殖。是重要的绿篱和模纹图案材料，常与紫叶小檗、黄杨、龙柏等搭配使用。也常用于绿地广场的组字，还可以用于小庭院装饰。

整形植株

果实

成熟果实

◆ 日本女贞

【学名】*Ligustrum japonicum* Thunb.
【科属】木犀科、女贞属

常绿灌木或小乔木，高3~5m；皮孔明显，枝条疏生短毛。叶较小而厚革质，卵形至卵状椭圆形，长5~8cm，宽2.5~5cm，先端短锐尖，基部圆，叶缘及中脉常带紫红色。圆锥花序塔形，长5~17cm，花冠长5~6mm，花冠裂片与花冠管近等长或稍短，先端稍内折。花期5~6月；果期9~11月。

青岛、济南、东营、泰安、临沂、潍坊等地栽培。产于日本、朝鲜和我国台湾，华东各地常栽培。耐寒力强于女贞。扦插、播种繁殖。植株较矮小，树形圆整，叶片厚而带紫色，适于庭院、草地、路边丛植，也可植为绿篱和基础种植材料。

金森女贞‘Howardii’，新叶金黄色或绿色带金黄色斑，常作绿篱和地被。

花序

叶片

果实

植株

金森女贞

丹桂

枝叶

果实

◆ 桂花（木犀）

【学名】*Osmanthus fragrans*（Thunb.）Lour.　　【科属】木犀科、木犀属

常绿灌木或乔木，高4~8m。叶椭圆形至椭圆状披针形，长4~12cm，宽2.5~5cm，先端急尖或渐尖，全缘或有锯齿，两面无毛。花簇生叶腋，或形成帚状聚伞花序，花径6~8mm，稀达12mm，白色、黄色至橙红色，浓香，花梗长0.8~1.5cm。果椭圆形，长1~1.5cm，熟时紫黑色。花期9~11月；果期翌年4~5月。

临沂、青岛、日照、泰安、枣庄、济南、潍坊等地栽培较多。原产长江流域至西南。喜光，稍耐阴；喜温暖湿润气候和通风良好的环境，耐寒性较差；喜湿润而排水良好的壤土，不耐水湿。抗污染。扦插或嫁接繁殖。桂花是我国人民喜爱的传统观赏花木，品种繁多，可分为四季桂、银桂、金桂和丹桂，最适于庭院应用，常植于厅堂之前、窗前、亭际。

桂花古树（费县）

四季桂

桂花孤植（趵突泉）

成熟果实　花枝　银边海桐
整形修剪
海桐（德州）　海桐（泰安）

◆ 海桐

【学名】*Pittosporum tobira*（Thunb.）Ait.　　【科属】海桐花科、海桐花属

常绿灌木或小乔木，高达6m，树冠圆球形，浓密，小枝及叶集生于枝顶。叶倒卵状椭圆形，长5~12cm，先端圆钝或微凹，基部楔形，边缘反卷，全缘，两面无毛。伞房花序顶生，花白色或黄绿色，径约1cm，芳香。果卵球形，长1~1.5cm，3瓣裂，种子鲜红色，有黏液。花期5月；果期10月。

山东中南部和东部普遍栽培。产于中国东南沿海和日本、朝鲜。喜光，略耐半荫；喜温暖气候和肥沃湿润土壤；稍耐寒，在山东中南部和东部沿海可露地越冬；对土壤要求不严，pH5~8之间均可，黏土、砂土和轻度盐碱土均能适应，不耐水湿；萌芽力强，耐修剪；抗海风。播种或扦插繁殖。通常用作绿篱和基础种植材料，修剪成球形用于园林点缀。

银边海桐‘Variegatum’，叶片边缘白色。

◆ 含笑

【学名】*Michelia figo*（Loureiro）Sprengel　　【科属】木兰科、含笑属

常绿灌木，高2~3m。芽、幼枝和叶柄均密被黄褐色绒毛。叶革质，肥厚，倒卵状椭圆形，长4~9cm，宽1.8~3.5cm，短钝尖，基部楔形，上面亮绿色，下面无毛，托叶痕达叶柄顶端。花梗长1~2cm，密被毛，花极香，淡黄色或乳白色，花被片6，边缘略呈紫红色，肉质，长1~2cm，雌蕊群无毛。聚合果长2~3.5cm，蓇葖扁圆。花期4~6月；果期9月。

青岛露地栽培。原产华南，现长江以南各地广为栽培。喜温暖湿润，不耐寒；喜半荫环境，不耐烈日；不耐干旱瘠薄，要求排水良好、肥沃疏松的酸性壤土。对氯气有较强的抗性。播种、扦插或压条繁殖。是园林中重要的花灌木，可用于庭院和风景区绿化。

花朵

花蕾期

果枝

含笑（黄岛）

◆ 枸骨（鸟不宿）

【学名】*Ilex cornuta* Lindl. et Paxt.　　【科属】冬青科、冬青属

常绿灌木或小乔木，树冠阔圆形，树皮灰白色，平滑。叶硬革质，矩圆状四方形，长4~8cm，顶端扩大并有3枚大而尖的硬刺齿，基部两侧各有1~2枚大刺齿，大树树冠上部的叶常全缘，基部圆形，表面深绿色有光泽，背面淡绿色。聚伞花序，黄绿色，簇生于2年生小枝叶腋。核果球形，鲜红色，径8~10mm，4分核。花期4~5月；果期10~11月。

全省各地常见栽培。分布于长江中下游各地。喜光，稍耐阴；喜温暖气候和肥沃、湿润而排水良好的微酸性土；较耐寒，在黄河以南可露地越冬；适应城市环境，对有毒气体有较强的抗性。萌发力强，耐修剪。播种或扦插繁殖。兼有观果、观叶、防护和隐蔽之效，宜作基础种植材料或植为高篱，也可修剪成型，植于庭院、草坪。以其分枝点低而叶片多刺，不宜用于居住区、幼儿园及公园的儿童活动区。

无刺枸骨‘Fortunei’，叶全缘，无刺齿。

无刺枸骨（雄花）　无刺枸骨（雌花）　雄花枝

果实

无刺枸骨（黄岛）　枸骨（青岛）

枝叶

花枝

龟甲冬青

钝齿冬青（青岛）

龟甲冬青（花枝）

龟甲冬青（青岛）

◆ 钝齿冬青（波缘冬青）

【学名】*Ilex crenata* Thunb.　　【科属】冬青科、冬青属

常绿灌木，多分枝，小枝有灰色细毛。叶厚革质，椭圆形至长倒卵形，长1~4cm，宽0.6~2cm，先端钝，缘有钝齿，背面有腺点。花白色，雄花3~7朵成聚伞花序生于当年生枝叶腋，雌花单生或2~3朵组成聚伞花序。果球形，黑色，径6~8mm，4分核。花期5~6月；果期10月。

青岛、济南等地栽培。产于我国东部、南部和日本、朝鲜。喜温暖环境，也较耐寒。扦插繁殖。枝叶茂密，易于修剪成型，庭园中可植于庭前、路旁或作绿篱，还是制作盆景的优良材料。

龟甲冬青var. *nummularia* Yatabe，叶小，叶面凸起呈龟甲状。青岛、临沂、济南、泰安、潍坊、日照等地栽培。

◆ 火棘

【学名】*Pyracantha fortuneana*（Maxim.）Li　　　　【科属】蔷薇科、火棘属

常绿灌木，高达3m，短侧枝常呈棘刺状，幼枝被锈色柔毛，后脱落。叶倒卵形至倒卵状长椭圆形，长2~6cm，先端钝圆或微凹，有时有短尖头，基部楔形，叶缘有圆钝锯齿，近基部全缘。复伞房花序，花白色，径约1cm。果实球形，径约5mm，橘红色或深红色。花期4~5月；果期9~11月。

全省各地栽培。产于秦岭以南，南至南岭，西至四川、云南和西藏，东达沿海地区。喜光，极耐干旱瘠薄，耐寒性不强，但在华北南部可露地越冬；要求土壤排水良好。萌芽力强，耐修剪。播种或扦插繁殖。枝叶繁茂、四季常绿，初夏白花繁密，秋季红果累累如满树珊瑚，是一美丽的观果灌木。适宜丛植于草地边缘、假山石间、水边桥头，也是优良的绿篱和基础种植材料。果含淀粉和糖，可食用或作饲料。

花枝

火棘（潍坊）

幼枝叶

火棘（济南）

果枝

枝叶

花枝

细圆齿火棘（青岛）

花序

◆ 细圆齿火棘（火把果）

【学名】*Pyracantha crenulata*（D. Don）M. Roemer　　【科属】蔷薇科、火棘属

常绿灌木或小乔木，高达5m，嫩枝有锈色柔毛。叶长圆形或倒披针形，长2~7cm，宽0.8~1.8cm，先端急尖而常有小刺头，边缘有不甚明显的细圆锯齿，两面无毛。复伞房花序，花白色，直径6~9mm。梨果球形，橘黄至橘红色。花期3~5月；果期9~12月。

青岛、济南等地栽培。产于长江流域至华南、西南，生于山坡、路边、沟旁、丛林或草地，常栽培观赏。本种与火棘是近缘种，区别在于本种叶片多长圆形，最宽部分居中，先端常急尖或有刺尖，边缘锯齿不甚明显，花和果实均稍小，而火棘的叶片多倒卵形，最宽部分在中段以上，先端多圆钝，锯齿较明显，花朵较大。

◆ 窄叶火棘

【学名】*Pyracantha angustifolia*（Franch.）Schneid.　　【科属】蔷薇科、火棘属

常绿灌木，高达4m，多枝刺，小枝密被灰黄色绒毛。幼叶下面、花梗和萼筒均密被灰白色绒毛。叶窄长圆形至倒披针状长圆形，长1.5~5cm，宽4~8mm，全缘。复伞房花序，直径2~4cm，花瓣近圆形，径约2.5mm，白色，子房具白色绒毛。果实扁球形，直径5~6mm，砖红色。花期5~6月；果期10~12月。

青岛栽培。产于湖北及云南、四川、西藏，生于阳坡灌丛中或路边。花色洁白，果实红艳，是优良花灌木，适宜丛植于草地、路边、庭院，可修剪成球形点缀于假山石间，也可植为绿篱，或作基础种植材料。本种的幼嫩叶片下面、花梗和萼筒等部分均密被灰白色绒毛，叶片多为窄长圆形，全缘，易与其他种类区别。

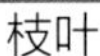
枝叶

果枝

窄叶火棘（青岛）

果实

枝叶

枝叶

小丑火棘（黄岛）

◆ 小丑火棘（花叶火棘）

【学名】*Pyracantha coccinea* M. Roem. ‘Hadequin’　　【科属】蔷薇科、火棘属

常绿灌木，高1.5~3m，有枝刺。幼枝红褐色，有柔毛。叶倒卵状长圆形，先端圆钝，基部楔形，叶缘有圆钝锯齿，有乳黄色斑纹，似小丑花脸，冬季叶片变红。花白色。果实红色或橘红色。花期春季。

青岛等地栽培。园艺品种，原种产欧洲。喜光，也耐半阴；较耐寒；要求排水良好的微酸性土壤；耐修剪。扦插繁殖。枝叶繁茂，叶色美观，初夏白花繁密，入秋果红如火，是优良的观叶兼观果植物，且萌芽力强，耐整形修剪，实为庭院绿篱、地被和基础种植的优良材料，也可丛植、孤植观赏，还可盆栽。

◆ 厚叶石斑木

【学名】*Rhaphiolepis umbellata*（Thunb.）Makino　　　【科属】蔷薇科、石斑木属

常绿灌木或小乔木，高2~4m，枝粗壮。叶片厚革质，倒卵形、卵形或椭圆形，长4~10cm，宽2~4cm，先端圆钝，全缘或有疏生钝锯齿，叶柄长5~10mm。圆锥花序顶生，密生褐色柔毛；花瓣白色，倒卵形，长1~1.2cm。果实球形，直径7~10mm，黑紫色带白霜。

青岛、威海等地栽培。产于华东。喜温暖湿润环境，也颇为耐寒，萌芽力强，耐修剪。播种或扦插繁殖。株型紧凑、枝叶茂密，叶片厚实，花朵繁密而优美，是良好的观叶兼观花树种，园林中适于庭院、草地、路边孤植、丛植，也是很好的绿篱树种或用于制作盆景。

枝叶

果实

花

花枝

厚叶石斑木（青岛）

枝叶

花枝

◆ 雀舌黄杨

【学名】*Buxus bodinieri* Levl.　　　【科属】黄杨科、黄杨属

常绿小灌木，高3~4m，分枝多，密集成丛，小枝四棱形。叶薄革质，倒披针形或倒卵状长椭圆形，长2~4cm，宽8~18mm，先端最宽，圆钝或微凹，上面绿色光亮，两面中脉明显凸起，近无柄。头状花序腋生，顶部生1雌花，其余为雄花，不育雌蕊和萼片近等长或稍超出。蒴果卵圆形。花期8月；果期11月。

全省各地栽培。产于长江流域至华南、西南，北达河南、甘肃和陕西南部，生于海拔400~2100m山地林下。喜温暖湿润和阳光充足环境，耐干旱和半阴；要求疏松、肥沃和排水良好的砂壤土；耐寒性不如黄杨。抗污染。耐修剪。扦插繁殖。枝叶繁茂，叶形别致，四季常青，常植为绿篱，或整形修剪成各种几何形体，用于点缀小庭院和草地、园林入口。

植株

绿篱

花序

◆ 南天竹

【学名】*Nandina domestica* Thunb.
【科属】小檗科、南天竹属

常绿丛生灌木，高达2m，全株无毛。2~3回羽状复叶互生，小叶全缘，椭圆状披针形，长3~10cm，革质，先端渐尖，基部楔形，两面无毛，表面有光泽。圆锥花序顶生，长20~35cm，花白色，芳香，直径6~7mm，萼多数，多轮，花瓣6，无蜜腺，雄蕊6，1轮，与花瓣对生。浆果球形，径约8mm，鲜红色，有2粒扁圆种子。花期5~7月；果期9~10月。

泰安、青岛、日照、济南、临沂、潍坊等地栽培。分布于华东、华南至西南，北达河南、陕西。喜半荫，在强光下也能生长；喜温暖气候和肥沃湿润而排水良好的土壤；对水分要求不严；耐寒性不强，在长江以北地区常盆栽；生长速度较慢。萌芽力强，萌蘖性强，寿命长。播种、分株、扦插繁殖。适于庭院、草地丛植及列植，也可盆栽观赏。枝叶或果枝是良好的插花材料。根、叶、果可入药。

花

果实

植株

花

枝叶

长柱小檗（青岛）

◆ 长柱小檗（天台小檗）

【学名】*Berberis lempergiana* Ahrendt
【科属】小檗科、小檗属

常绿灌木，高1~2m，刺2分叉，粗壮。叶长圆状椭圆形或披针形，长3.5~8cm，宽1~2.5cm，网脉不显，叶缘具5~12对细小刺齿。花3~7朵簇生，黄色，花瓣长圆状倒卵形。浆果椭圆形，长7~10mm，熟时深紫色，被白粉。花期4~5月；果期7~10月。

青岛、德州、潍坊、临沂、日照等地栽培。产于浙江，生于林下、林缘、灌丛或沟谷溪边。适应性强，喜光，稍耐阴。播种或扦插繁殖。花色鲜黄，枝条具粗壮叶刺，萌芽力强，耐修剪，园林中适于植为绿篱，也可整形修剪成球形等几何形体用于园林点缀。

花枝

枝叶冬季

长柱小檗（德州）

果实

花序

花枝

果序

◆ 阔叶十大功劳

【学名】*Mahonia bealei*（Fort.）Carr.　　【科属】小檗科、十大功劳属

常绿灌木，高1.5~4m。小叶7~15，卵形至卵状椭圆形，长5~12cm，叶缘反卷，每侧有大刺齿2~5，侧生小叶无柄，顶生小叶柄长1.5~6cm。总状花序长5~13cm，6~9个簇生，花黄褐色，芳香，花梗长4~6mm，花瓣倒卵形，先端微凹，腺体明显。果实卵圆形，蓝黑色，被白粉，长约1cm，径约6mm。花期11月至翌年3月；果期4~8月。

泰安、青岛、济南、枣庄、临沂、潍坊等地栽培。产于秦岭、大别山以南，长江流域各地园林中常见栽培。喜温暖湿润气候；耐半荫；不耐严寒；可在酸性土、中性土至弱碱性土中生长，但以排水良好的砂质壤土为宜。萌蘖力较强。播种、扦插或分株繁殖。可用于布置花坛、岩石园、庭院、水榭，常与山石配置，也可作境界绿篱树种，还可作冬季切花材料。

阔叶十大功劳（潍坊）

阔叶十大功劳（青岛）

花枝　枝叶　花枝

十大功劳（济南）　植株

十大功劳（青岛）

◆ 十大功劳

【学名】*Mahonia fortunei*（Lindl.）Fedde　【科属】小檗科、十大功劳属

常绿灌木，高达2m，全体无毛。羽状复叶，小叶5~9枚，侧生小叶狭披针形至披针形，长5~11cm，宽0.9~1.5cm，顶生小叶较大，长7~12cm，边缘每侧有刺齿5~10，侧生小叶近无柄。花黄色，总状花序长3~7cm，4~10条簇生，花梗长1~4mm，无花柱。果实卵形，熟时蓝黑色，外被白粉。花期7~9月；果期10~11月。

泰安、青岛、济南、枣庄、日照、临沂等地栽培。产于长江以南地区，多生于海拔2000m以下的阴湿沟谷。日本、印度尼西亚、美国也有栽培。喜光，也耐半荫；喜温暖气候，较耐寒、耐旱；适生于肥沃、湿润而排水良好的土壤。萌蘖力强。播种或分株繁殖，也可枝插或根插。常植于庭院、林缘、草地，也可点缀假山、岩石、花台、窗前，或作绿篱和基础种植材料。根、茎和种子供药用。

◆ 檵木

【学名】*Loropetalum chinense*（R. Brown）Oliv.　　【科属】金缕梅科、檵木属

常绿或半常绿灌木或小乔木，高4~10m，偶可高达20m，小枝、嫩叶及花萼均有锈色星状短柔毛。叶椭圆状卵形，长2~5cm，基部歪圆形，先端锐尖，背面密生星状柔毛。花序由3~8朵花组成，花瓣条形，浅黄白色，长1~2cm，苞片线形。果近卵形，长约1cm，有星状毛。花期4~5月；果期8~9月。

临沂、泰安、济南、青岛等地栽培。原产我国长江流域至华南、西南。适应性强；喜光，喜温暖湿润气候，也颇耐寒，耐干旱瘠薄，最适生于微酸性土；生长速度较快。播种或扦插繁殖。树姿优美，花瓣细长如流苏状，是优良的花灌木，适于丛植、孤植于庭院、林缘，也可孤植于石间、园路转弯处，是制作桩景的优良材料。

红花檵木var. *rubrum* Yieh，叶紫红色至暗紫色，春季最后明显，夏秋后可呈紫绿色。花瓣淡红色至紫红色。花期长，以春季为盛。青岛、济南、泰安、临沂等地栽培。

檵木花朵

红花檵木花枝

檵木（青岛）

檵木花枝

红花檵木枝叶

红花檵木（青岛）

山茶（胶南）
山茶（崂山）
果实
花枝
山茶（青岛）
山茶（大管岛野生）

◆ 山茶（耐冬）

【学名】*Camellia japonica* Linn.　　　【科属】山茶科、山茶属

常绿灌木或小乔木，高4~10m。叶椭圆形至矩圆状椭圆形，长5~10.5cm，宽2.5~6cm，叶面光亮，两面无毛，侧脉6~9对，叶缘有细齿。花单生或簇生于枝顶和叶腋，近无柄，苞片及萼片约9枚，外4片新月形或半圆形，里面的圆形至阔卵形，宿存至幼果期，花径6~9cm，花色丰富，以白色和红色为主，花瓣先端有凹缺，栽培品种多重瓣，花丝、子房均光滑无毛，子房3室。蒴果球形，径2.5~4.5cm。花期 (12) 1~4月；果秋季成熟。

分布于青岛长门岩、大管岛。青岛、威海、烟台、日照等沿海地区露地栽培，内陆地区偶见露地生长。我国浙江、台湾也有分布。喜半荫。喜温暖湿润气候，酷热及严寒均不适宜；喜肥沃湿润而排水良好的微酸性至酸性土壤，不耐盐碱。忌土壤黏重和积水。播种、扦插或嫁接繁殖。著名的庭园观赏树种，对海潮风有一定的抗性。

◆ 茶

【学名】*Camellia sinensis*（Linn.）O. Ktze.
【科属】山茶科、山茶属

常绿灌木或乔木，常呈丛生灌木状，嫩枝具细毛，顶芽被白毛。叶薄革质，椭圆状披针形或长椭圆形，长3~10cm，叶脉明显，背面有时有毛，先端钝尖。花单生叶腋或2~3朵组成聚伞花序，白色，花梗下弯，萼片5~7，宿存，花瓣5~9，子房密被白色柔毛。蒴果球形，径约1.5cm，3棱，种子棕褐色。花期8~12月；果期翌年10~11月。

临沂、日照、枣庄、泰安、青岛、济南等地栽培。原产我国及亚洲南部。较耐寒；喜酸性土，在中性或碱性土壤上生长不良；怕旱、涝。播种或扦插繁殖。茶是著名的饮料植物，也是优良的园林造景材料，适于路旁、台坡、池畔等地丛植，也可列植为绿篱。

果枝

枝叶

茶园（崂山）

花枝

茶园（泰安）

◆ 油茶

【学名】*Camellia oleifera* Abel.
【科属】山茶科、山茶属

常绿小乔木或灌木，高达7m，芽鳞有黄色粗长毛，嫩枝略有毛。叶厚革质，卵状椭圆形，有锯齿，上面深绿色，两面侧脉不明显，叶柄有毛。花白色，1~3朵腋生或顶生，花径3~8cm，无花梗，苞片与萼片相似，多数，被金黄色丝状绒毛，开花时脱落，花瓣5~7，顶端凹入或2裂，雄蕊多数，外轮花丝仅基部合生，子房密生白色丝状绒毛。果厚木质，2~3裂，种子黑褐色，有棱角。花期10~12月；果翌年9~10月成熟。

青岛、威海栽培。分布于长江流域及以南各地，各地广泛栽培。喜光，深根性；适生于温暖湿润气候，喜土壤深厚肥沃、排水良好的酸性红壤和黄壤。播种繁殖。油茶是亚热带地区重要的木本油料树种，冬季开花，花白蕊黄，也可用于园林造景，宜散植于疏林下。油茶叶厚革质，耐火力强，也是优良的防火带树种。

枝叶

花枝

果枝

油茶（青岛）

◆ 照山白

【学名】*Rhododendron micranthum* Turcz.　　【科属】杜鹃花科、杜鹃花属

常绿灌木，高达2m，小枝细，具短毛及腺鳞。叶厚革质，倒披针形，长2.5~4.5cm，两面有腺鳞，背面更多，边缘略反卷。密总状花序顶生，总轴长1.5cm，花冠钟状，长6~8mm，乳白色，雄蕊10，伸出。果圆柱形。花期5~7月。

分布于鲁中南和胶东山地。东北、华北、西北和湖北、湖南、四川均有分布，多生于海拔1000m以上山坡。适应性强，耐干旱瘠薄。播种繁殖，但本种较少栽培。有剧毒，幼叶更毒，牲畜误食，易中毒死亡。

幼果枝

枝叶

花枝

花序

照山白（泰山野生）

花枝

枝叶

石岩杜鹃（青岛）

果枝

◆ 石岩杜鹃（朱砂杜鹃、钝叶杜鹃）

【学名】*Rhododendron obtusum*（Lindl.）Planch.　　【科属】杜鹃花科、杜鹃花属

常绿灌木，高常不及1m，有时呈平卧状分枝多而细密，幼时密生褐色毛。春叶椭圆形，缘有睫毛。秋叶椭圆状披针形，质厚而有光泽。叶小，长1~2.5cm；叶柄、叶表、叶背、萼片均有毛。花2~3朵与新梢发自顶芽。花冠长1.5~2.5cm，漏斗形，橙红至亮红色，上瓣有浓红色斑。雄蕊5。花柱长2~3cm。花期5月。

青岛、威海、烟台等地露地栽培。本种为一杂交种，日本育成，是杜鹃属中著名的栽培种。扦插繁殖。本种植株低矮，适于整形栽植，可片植于坡地、草坪，或作为花坛镶边、园路境界。

枝叶

植株

花枝

锦绣杜鹃（青岛）

◆ 锦绣杜鹃

【学名】*Rhododendron pulchrum* Sweet　　【科属】杜鹃花科、杜鹃花属

常绿灌木，枝稀疏，嫩枝有褐色毛。春叶纸质，幼叶两面有褐色短毛，成叶表面变光滑；秋叶革质，形大而多毛。花1~3朵发于顶芽，花冠玫瑰紫色，有紫斑，雄蕊比花冠短或部分与花冠等长，10枚，花丝下部有毛，子房有褐色毛，花萼大，5裂，有褐色毛，花梗密生棕色毛。蒴果长卵圆形，呈星状开裂，萼片宿存。花期5月。

临沂、青岛、济南等地栽培。著名栽培种，我国普遍栽培，但未见野生。扦插繁殖。可植于阶前、墙角、水边等各处以资装饰点缀。本种与毛白杜鹃相似，但花冠为玫瑰紫色，植物体各部无腺毛。

◆ 映山红（杜鹃花）

【学名】*Rhododendron simsii* Planch. 【科属】杜鹃花科、杜鹃花属

落叶或半常绿灌木，高达3m，分枝多而细直。枝条、叶两面、苞片、花柄、花萼、子房、蒴果均有棕褐色扁平糙伏毛。叶纸质，卵状椭圆形或椭圆状披针形，长2~6cm。花2~6朵簇生枝顶，花冠宽漏斗状，长4cm，鲜红或深红色，有紫斑，或白色至粉红色，雄蕊10。花期3~5月；果期9~10月。

分布于小珠山、大珠山、五莲山、九仙山等地。广布于长江以南各地，常漫生低海拔山野间，花开时节满山皆红。耐热性较强，也较耐旱，喜疏松肥沃、排水良好的酸性壤土。播种、扦插繁殖。适于松树疏林下自然式群植，以形成高低错落、疏密自然的群落，也可于池畔、山崖、石隙、草地、林间、路旁丛植。全株供药用。

映山红（九仙山野生群落）

花枝

枝叶

植株

果枝

枝叶　　毛白杜鹃（青岛）
花枝　　毛白杜鹃（小珠山栽培）

◆ 毛白杜鹃（白花杜鹃）

【学名】*Rhododendron mucronatum*（Blume）G. Don
【科属】杜鹃花科、杜鹃属

半常绿灌木，高达2~3m，幼枝开展，密被灰色柔毛及黏质腺毛。春叶早落，披针形或卵状披针形，长3~5.5cm，两面密生软毛；夏叶宿存，长1~3cm。伞形花序顶生，1~3花，花梗密被淡黄褐色长柔毛和腺头毛，花萼大，绿色，裂片5，披针形，花冠白色，有时淡红色，阔漏斗形，芳香，雄蕊10枚，不等长，比花冠长。蒴果圆锥状卵球形，长约1cm。花期4~5月；果期6~7月。

青岛等地栽培。产于长江流域至西南、华南，各大城市常见栽培。扦插繁殖。可于坡地、草坪等处大量应用，或作为花坛镶边、园路境界或植为花篱。

◆ 东瀛珊瑚（青木）

【学名】*Aucuba japonica* Thunb.　　【科属】山茱萸科、桃叶珊瑚属

常绿灌木，常1~3m。叶狭椭圆形至卵状椭圆形，偶宽披针形，长8~20cm，宽 5~12cm，上部疏生2~6对锯齿或全缘，两面有光泽。雄花序长7~10cm，雌花序长2~3cm，均被柔毛，花紫红色。核果紫红色，卵球形，长1.2~1.5cm。花期3~4月；果期11月至翌年2月。

山东各地均有零星栽培，青岛较多。产于日本、朝鲜及我国台湾和浙江南部。耐阴，惧阳光直射；在有散射光的落叶林下生长最佳；生长势强，耐修剪；抗污染，适应城市环境。播种或扦插繁殖。株形圆整，叶色美丽，果实红艳，最适于林下、建筑物隐蔽处。

洒金东瀛珊瑚（花叶青木）var. *variegata* Dombrain，叶面布满大小不等的金黄色斑点。

东瀛珊瑚 花枝　东瀛珊瑚（青岛）　叶片　成熟果实　洒金东瀛珊瑚（黄岛）　花枝　果枝

沙冬青（东营）

枝叶

果枝

◆ 沙冬青

【学名】*Ammopiptanthus mongolicus*（Maxim. ex Kom.）S. H. Cheng

【科属】豆科、沙冬青属

常绿灌木，高1~2m，多分枝，小枝粗壮，黄绿色。3小叶，偶为单叶，小叶革质，菱状椭圆形至宽披针形，长2~3.5cm，宽6~20mm，全缘，两面密被灰白色绒毛，侧脉几不明显，托叶小，与叶柄连合而抱茎。总状花序顶生或侧生，花8~12朵。花梗长约1cm，花萼筒状，疏生柔毛，花冠黄色，旗瓣倒卵形，长约2cm。荚果扁平，线形，长5~8cm，宽15~20mm。花期4~5月；果期5~6月。

东营盐生植物园有栽培。产于宁夏、青海、甘肃、内蒙古。抗逆性强，根系发达，固沙保土性能好；根部具有根瘤，能改良土壤。播种或扦插繁殖。沙冬青是古老的第三纪残遗种，四季常绿，花黄色而较大，是干旱区不可多得的优良观赏树种，也是重要的水土保持、固沙和药用树种。

◆ 亮叶蜡梅（山蜡梅）

【学名】*Chimonanthus nitens* Oliv.
【科属】蜡梅科、蜡梅属

常绿灌木，高1~3m，枝叶有香气，幼枝四方形，老枝近圆形。叶椭圆状披针形或卵状披针形，先端尾尖，叶面略粗糙，有光泽。花小，直径7~10mm，黄色或黄白色，花被片变化较大，圆形、卵形至卵状披针形，长3~15mm，宽2.5~10mm。果托坛状，长2~5cm，口部收缩。花期10月至翌年1月；果期4~7月。

青岛崂山太清宫有引种。产于长江流域至华南、西南，生于山地疏林中。耐寒性较强。分株、播种繁殖。花极为芳香，用于庭院、公园、居住区绿化。

果实

枝叶

亮叶蜡梅（崂山栽培）

花枝

◆ 竹叶椒

【学名】*Zanthoxylum armatum* DC.　　　　【科属】芸香科、花椒属

常绿或半常绿灌木，高3~5m，茎枝多锐刺，刺基部宽而扁，红褐色。叶轴之翅宽而明显，小叶3~9，长5~9cm，宽1~3cm，披针形至椭圆状披针形，具细锯齿，仅齿隙间有透明腺点。聚伞圆锥花序腋生或同时生于侧枝之顶，长2~5cm，有花约30朵以内。花被片6~8片，雄蕊5~6枚，心皮2~3个。果紫红色，单个分果瓣径4~5mm。花期4~5月；果期8~10月。

分布于鲁中南及胶东山地的丘陵。产于山东以南，南至海南，东南至台湾，西南至西藏东南部。播种繁殖。皮刺发达，果实红色而密，可栽培作绿篱或丛植于山地、石间。全株有花椒气味，苦及辣味均较花椒浓，果皮的麻辣味最浓，果实、枝叶可提取芳香油，作调料及药用。

花枝

枝叶

果枝

植株

花序

果实

八角金盘（济南）

八角金盘（黄岛）

八角金盘（青岛）

◆ 八角金盘

【学名】*Fatsia japonica*（Thunb.）Decne. & Planch.
【科属】五加科、八角金盘属

常绿灌木，高达5m，幼枝叶具易脱落的褐色毛。叶掌状7~9裂，径20~40cm，裂片卵状长椭圆形，有锯齿，表面有光泽，叶柄长10~30cm。花两性或单性，伞形花序再集成顶生大圆锥花序，花小，白色，子房5室。浆果紫黑色，径约8mm。花期秋季；果期翌年5月。

青岛、济南、泰安、临沂等地栽培。原产日本，我国长江流域及其以南各地常见栽培。喜荫；喜温暖湿润气候，不耐干旱，耐寒性也不强，在淮河流域以南可露地越冬；适生于湿润肥沃土壤。抗污染。扦插繁殖。是优良的观叶植物，最适于林下山石间、建筑附近丛植。

叶片

◆ 熊掌木

【学名】*Fatshedera lizei*（Cochet）Guillaumin　　　　【科属】五加科、熊掌木属

常绿半蔓性灌木，高达1m。单叶互生，长、宽约7~25cm，掌状5裂，叶端渐尖，叶基心形，裂片全缘，新叶密被茸毛；叶柄长5~20cm，基部鞘状。伞形花序，花黄白色或淡绿色，直径4~6mm。花期秋季，一般不结实。

青岛有栽培。八角金盘与常春藤的属间杂交种。忌阳光直射，耐阴；喜凉爽湿润环境，气温过高时枝条下部的叶片易脱落，较耐寒。扦插繁殖。四季青翠碧绿，又具极强的耐阴能力，适宜在林下群植，常用作地被植物。

植株

花序

枝叶

熊掌木（黄岛）

花枝　重瓣夹竹桃　白花夹竹桃　枝叶　植株　重瓣夹竹桃（青岛）

◆ 夹竹桃（柳叶桃）

【学名】*Nerium oleander* Linn.　　【科属】夹竹桃科、夹竹桃属

常绿大灌木，高达5m，嫩枝具棱，含水液。叶3枚轮生或对生，狭披针形，长 11~15cm，侧脉极多，近平行；叶缘反卷。顶生聚伞花序，花冠漏斗状，深红色或粉红色，喉部具5片撕裂状副花冠，花瓣状，花冠裂片5，花蕾时向右覆盖。蓇葖果2，离生，长圆形。几乎全年有花，以6~10月为盛。

青岛、日照、临沂、泰安等地栽培。原产伊朗、印度等地，现广植于热带和亚热带地区。我国长江流域及其以南地区广为栽植，北方盆栽。喜光；喜温暖湿润气候，不耐寒，耐旱性强；抗烟尘和有毒气体，滞尘能力也很强；对土壤要求不严。扦插、分株繁殖。适于水边、庭院、山麓、草地等各处种植，可丛植、群植。植株有毒。

白花夹竹桃‘Paihua’，花白色，单瓣。重瓣夹竹桃‘Plenum’，花重瓣，红色，有香气。

白蟾

花朵

枝叶

果实

栀子（青岛）

◆ 栀子

【学名】*Gardenia jasminoides* Ellis.　　　【科属】茜草科、栀子属

常绿灌木，高1~3m，小枝有垢状毛。叶对生或3枚轮生，椭圆形或倒卵状椭圆形，长6~12cm，先端渐尖，全缘，两面常无毛；侧脉8~15对。花单生，浓香；花萼6 (5~8) 裂，结果时增长，裂片线形；花冠高脚碟状，常6裂，白色或乳黄色，冠管长3~5cm，裂片倒卵形或倒卵状长圆形，长1.5~4cm，宽0.6~2.8cm。果椭圆形或近球形，长1.5~7cm，径1.2~2cm，有翅状棱5~9，宿存萼片长达4cm，宽达6mm。花期3~8月；果期5月至翌年2月。

威海、青岛、临沂等地栽培。原产我国中部和南部，长江流域及其以南各地栽培。喜光，也耐阴，在阴蔽环境叶色浓绿但开花稍差；喜温暖湿润气候和肥沃而排水良好的酸性土壤；抗污染。萌芽力、萌蘖力均强，耐修剪。扦插繁殖。是良好的绿化、美化、香化材料。适于庭院造景。

白蟾var. *fortuniana*（Lindl.）Hara，花重瓣。

◆ 六月雪

【学名】*Serissa japonica*（Thunb.）Thunb.　　【科属】茜草科、六月雪属

常绿矮小灌木，高不及1m，分枝细密。叶对生或常聚生于小枝上部，卵形至卵状椭圆形、倒披针形，长7~22mm，宽3~6mm，全缘，叶脉、叶缘及叶柄上有白色短毛。花近无梗，白色或略带红晕，长6~12mm，1朵至数朵簇生于枝顶或叶腋。核果小，球形。花期5~8月；果期10月。

青岛、威海、日照等地栽培。产于长江流域及其以南地区。喜温暖、湿润环境；耐阴；不耐寒，要求肥沃的砂质壤土。萌芽力、萌蘖力均强，耐修剪。扦插繁殖。株形纤巧、枝叶扶疏，雅洁可爱。可作基础种植、矮篱和林下地被材料，还可点缀于假山石隙。

金边六月雪‘Aureo-marginata’，叶缘金黄色。重瓣六月雪‘Pleniflora’，花重瓣，白色。

六月雪 花枝

重瓣六月雪

六月雪（黄岛）

金边六月雪 花枝

金边六月雪

◆ 柊树

【学名】*Osmanthus heterophyllus*（G. Don）P. S. Green　　【科属】木犀科、木犀属

常绿灌木或小乔木，高2~8m；树皮灰白色。叶革质，长圆状椭圆形或椭圆形，长4.5~7cm，宽1.5~3cm，顶端刺状，叶缘具3~4对刺状牙齿，齿长5~9mm，先端具锐尖的刺，有时全缘，叶柄长5~10mm。花簇生叶腋，5~8朵，花冠白色，长3.5~5mm，芳香。果卵圆形，长约1.5cm，径约1cm，暗紫色。花期11~12月；果期翌年5~6月。

济南、青岛、泰安等地栽培。原产日本和我国台湾，耐寒性强于桂花。扦插或播种繁殖。柊树枝叶繁茂，花朵洁白，花开于秋末冬初，是优良的花灌木。

五彩柊树 ‘Goshiki’，叶卵状椭圆形或卵形，有7~9枚大刺状锯齿，新叶粉紫至古铜色，成叶具有灰绿、黄绿、金黄和乳白等颜色的随机散布的斑点、斑块。青岛栽培。

果枝　花枝　柊树（黄岛）　五彩柊树

枝叶

五彩柊树（黄岛）　柊树（崂山）

◆ 云南黄馨（野迎春、云南黄素馨）

【学名】*Jasminum mesnyi* Hance
【科属】木犀科、素馨属

常绿灌木，高达3m，枝条细长拱垂，小枝四棱形。3出复叶对生，或小枝基部具单叶，两面几无毛，叶缘反卷，具睫毛，小叶长卵形或长卵状披针形，先端钝圆，顶生小叶长2.5~6.5cm，宽0.5~2.2cm，侧生小叶较小。花单生叶腋，稀双生或单生枝顶，萼钟状，裂片5~8，花冠黄色，漏斗状，径2~4.5cm，裂片6~8枚，栽培时出现重瓣。果椭圆形，两心皮基部愈合，径6~8mm。花期4月，延续时间长。

临沂、青岛、枣庄、日照等地栽培。产于四川西南部、贵州、云南，各地栽培，江南常见。性强健，适应性强。扦插繁殖。最宜植于水边，细枝下垂水面，倒影清晰，为山水生色，也可植于山坡、石隙。和迎春花很相似，区别在于本种为常绿植物，花较大，花冠裂片极开展，长于花冠管。

花枝

枝叶

云南黄馨（青岛）

枝叶

探春（泰安）

花枝

探春（济南）

探春（德州）

◆ 探春（迎夏）

【学名】*Jasminum floridum* Bunge　　　【科属】木犀科、素馨属

半常绿灌木，高1~3m，枝条拱垂，幼枝绿色，四棱。羽状复叶互生，小叶3~5，稀7枚，卵状椭圆形，长1~3.5cm，两面无毛，边缘反卷。聚伞花序顶生，多花，萼5裂，裂片锥状线形，与萼筒等长，花冠黄色，近漏斗状，径约1.5cm，裂片5，卵形或长圆形，先端锐尖，长约为花冠筒长的1/2。果椭圆形或球形，长5~10mm，熟时黑色。花期5~9月；果期9~10月。

全省各地普遍栽培。产于陕西南部、河南西部、湖北西部、四川、贵州北部。扦插繁殖。花开于初夏，花期长，花色金黄，枝条常蔓生，是优良花灌木，最适于山坡、水滨、路边列植。

◆ 皱叶荚蒾（枇杷叶荚蒾）

【学名】*Viburnum rhytidophyllum* Hemsley　　　　【科属】忍冬科、荚蒾属

常绿灌木或小乔木，高达4m，幼枝、芽、叶下面、叶柄及花序均被黄白色至红褐色簇状绒毛，裸芽。单叶对生，厚革质，卵状长椭圆形至卵状披针形，长8~20cm，全缘或有不明显小齿，叶脉深凹而呈极度皱纹状，侧脉6~8 (12) 对，很少直达齿端，叶柄粗壮，长1.5~3 (4)cm。聚伞花序稠密，径7~12cm，萼筒被黄白色星状毛，花冠黄白色，径5~7mm。核果红色，后变黑色。花期4~5月；果期9~10月。

青岛、潍坊、泰安等地栽培。分布于陕西南部至湖北、四川和贵州，生于山坡林下或灌丛中。喜光，也耐阴，耐寒性强。播种繁殖，亦可扦插。果实美丽，可供观赏。

花枝

花序

果枝

植株

枝叶

◆ 胡颓子

【学名】*Elaeagnus pungens* Thunb.　　【科属】胡颓子科、胡颓子属

常绿灌木，直立性，高达4m，株丛圆形至扁圆形，枝条开展，有褐色鳞片，常有刺。叶椭圆形至长椭圆形，长5~7cm，革质，边缘波状或反卷，背面有银白色及褐色鳞片。花1~3朵腋生，下垂，银白色，芳香。果椭球形，红色，被褐色鳞片。花期9~11月；果期翌年4~5月。

泰安、青岛、潍坊等地栽培。分布于长江以南各地。喜光，也耐阴；耐干旱瘠薄，对土壤要求不严，从酸性到微碱性土壤都能适应，在湿润、肥沃、排水良好的土壤中生长最佳。萌芽、萌蘖性强，耐修剪。播种或扦插繁殖。适于草地丛植，也可用于林缘、树群外围作自然式绿篱。

果枝

花枝

枝叶

胡颓子（潍坊）

胡颓子（崂山）

植株

花期

富贵草（东营）

◆ 富贵草（顶花板凳果）

【学名】*Pachysandra terminalis* Sieb. & Zucc.　　【科属】黄杨科、板凳果属

常绿半灌木，株高20~40cm；茎下部匍匐，根状茎密生须状不定根；枝条绿色，斜生。叶薄革质，互生或簇生枝顶，菱状卵形或倒卵形，长2.5~5 (9)cm，宽1.5~3 (6)cm，先端短尖，叶缘中部以上具粗齿或浅缺裂；基部楔形，渐狭成长1~3cm的叶柄。穗状花序顶生，长2~4cm，直立；花白色，雌雄同序，上部为雄花，下部为雌花，无花瓣。浆果卵形，长5~6mm，花柱宿存，粗而反曲。花期5月。

东营等地有栽培。分布于长江流域各地，北达甘肃、陕西。耐阴性强，也较耐寒。播种或分株繁殖。富贵草生长旺盛，蔓延能力强，枝叶密集，叶片有光泽，是较好的常绿观叶地被植物，适于林下配植。

◆ 槲寄生

【学名】*Viscum coloratum*（Kom.）Nakai　　　【科属】槲寄生科、槲寄生属

常绿灌木，全体无毛，茎、枝圆柱状，枝黄绿色，2~5叉状分枝，节稍膨大。单叶，对生于枝端，厚革质，长椭圆形至椭圆状披针形，长3~7cm，宽0.7~1.5cm，基出掌状脉3~5。雌雄异株，花序顶生或腋生于茎分叉处。花萼裂片4，雄蕊4，雌蕊1，子房下位，柱头头状。浆果球形，直径6~8mm，淡黄色、红色或橙红色，外果皮平滑，中果皮富含黏胶质。花期4~5月；果期9~10月。

分布于淄博鲁山、临沂蒙山、烟台等山区，寄生于栎类、榆树、柳树、栗树、杏、枫杨等树上。我国大部分地区均产。播种。全株药用，即中药材槲寄生正品，有补肝肾、除风湿、强筋骨、安胎、下乳、降血压的功效。

果枝　成熟果实

植株　花期植株

凤尾兰（德州）

凤尾兰 花朵

凤尾兰（青岛）

凤尾兰 花期

◆ 凤尾兰

【学名】*Yucca gloriosa* Linn.　　【科属】龙舌兰科、丝兰属

常绿灌木或小乔木状，主干一般较短，有时有分枝，高可达5m。叶剑形，略有白粉，长60~75cm，宽约5cm，挺直不下垂，叶质坚硬，全缘，老时疏有纤维丝。圆锥花序长lm以上，花杯状，下垂，乳白色，常有紫晕。蒴果椭圆状卵形，不开裂，山东栽培者多不结果。花期5~11月，多次开花。

全省各地普遍栽培。原产北美，我国黄河流域以南普遍栽培。喜光，亦耐阴；适应性强，较耐寒，–15 ℃仍能正常生长无冻害；除盐碱地外，各种土壤都能生长；耐干旱瘠薄，耐湿；耐烟尘，对多种有害气体抗性强；萌芽力强，易产生不定芽，生长快。分株繁殖。常丛植于花坛中心、草坪一角，树丛边缘。

◆ 丝兰

【学名】*Yucca flaccida* Haw.　　　　【科属】龙舌兰科、丝兰属

常绿灌木，植株低矮，茎很短或不明显。叶近莲座状簇生，较硬直，长条状披针形至近剑形，长25~60cm，宽2.5~3cm，先端刺状，基部渐狭，边缘有卷曲白丝。圆锥花序狭长直立，高1~3m，花序轴有乳突状毛；花白色，下垂；花被片长约3~4cm。花期6~8月。

济南、青岛、泰安、临沂栽培。原产北美东南部，我国华北南部至长江流域及其以南地区栽培较多，供观赏。耐寒性不如凤尾兰。

花序

叶片

植株

常绿藤本

银边扶芳藤　小叶扶芳藤　扶芳藤

叶片

果枝　金边扶芳藤

◆ 扶芳藤

【学名】*Euonymus fortunei*（Turcz.）Hand.-Mazz.　　【科属】卫矛科、卫矛属

常绿，靠气生根攀援或匍匐，长达10m，小枝圆形或有棱纹，常有小瘤状突起。叶常为卵形、卵状椭圆形，有时披针形、倒卵形，长2~5.5cm，宽2~3.5cm，叶缘有锯齿，先端钝或尖，侧脉4~6对，不明显，叶柄长2~9mm或近无柄。花梗长2~5mm，花绿白色，4数，径约5mm，花瓣近圆形。蒴果球形，径6~12mm，褐色或红褐色，径5~6mm，种子有橘黄色假种皮。花期4~7月；果期9~12月。

全省各地普遍栽培。我国各地普遍分布，北达东北南部，西至新疆、青海，亦普遍栽培于庭园。耐阴，也可在全光下生长；喜温暖湿润，也耐干旱瘠薄；耐寒；对土壤要求不严。扦插繁殖。适于美化假山、石壁、墙面、驳岸，是优良的地被和护坡植物。

银边扶芳藤 ‘Argentes-marginata’，叶缘绿白色；金边扶芳藤 ‘Emerald’s Gold’，叶缘黄色。小叶扶芳藤 ‘Minimus’，叶小枝细。

◆ 胶州卫矛

【学名】*Euonymus kiautschovicus* Loes.　　【科属】卫矛科、卫矛属

半常绿攀援灌木，长达6m，有气生根，幼时直立状，枝披散式依附他树。叶倒卵形或阔椭圆形，长4~6cm，宽2~3.5cm。聚伞花序较疏散，分枝和花梗较长，花梗长5~8mm。蒴果粉红色，径8~11mm，果皮有深色细点。花期7月；果期10月。

分布于鲁中南、胶东山地丘陵，山东东部的庭园间常有栽培。与扶芳藤相近，Flora of China 将本种并入扶芳藤。主要区别在于，本种花黄绿色，直径7~8mm，果皮有深色细点，叶倒卵形或阔椭圆形，而扶芳藤花白绿色，直径6mm，果皮光滑无细点，叶椭圆形、长方椭圆形或长倒卵形，宽窄变异较大，可窄至近披针形。

花枝

叶片

果实

植株（泰安）

果枝

叶片

金边常春藤

洋常春藤（泰安）

银边常春藤

洋常春藤（青岛）

◆ 洋常春藤

【学名】*Hedera helix* Linn.　　　【科属】五加科、常春藤属

常绿藤本，茎借气生根攀援，长可达20~30m，幼枝上有星状毛。营养枝上的叶3~5浅裂，花果枝上叶片不裂而为卵状菱形、狭卵形，基部楔形至截形。伞形花序，具细长总梗，花白色，各部有灰白色星状毛。核果球形，径约6mm，熟时黑色。

全省各地栽培。原产欧洲至高加索，国内黄河流域以南普遍栽培。性极耐阴，可植于林下；喜温暖湿润，也有一定耐寒性，对土壤和水分要求不严，但以中性或酸性土壤为好；萌芽力强；抗污染。扦插繁殖。在园林中可用于岩石、假山或墙壁的垂直绿化，也可作林下地被。

金边常春藤‘Aureovariegata’，叶缘金黄色。银边常春藤‘Silver Queen’，叶片具乳白色边缘，入冬变为粉红色。

◆ 菱叶常春藤

【学名】*Hedera rhombea*（Miquel）Bean　　【科属】五加科、常春藤属

常绿藤本。1年生枝绿色，疏生白色星状毛。叶革质，营养枝上的叶常3~5裂或五角形，花果枝上的叶菱形、菱状卵形或菱状披针形，全缘，长4~7cm，宽2~7cm，掌状脉，叶柄长1~5cm，几乎无毛。伞形花序，总梗长2~5cm，密生星状毛；花淡绿色，花药鲜黄色。果实黑色，径约5~6mm，有宿存花柱。花期8月；果期11月。

青岛中山公园栽培。原产日本、朝鲜。扦插繁殖。为优良的棚架绿化材料。

花枝

花序

菱叶常春藤（青岛）

花序
花枝
果实
枝叶
络石（崂山野生群落）

◆ 络石（万字茉莉）

【学名】*Trachelospermum jasminoides*（Lindl.）Lem.　　【科属】夹竹桃科、络石属

常绿木质藤本，气生根发达，具乳汁，幼枝有黄色柔毛。单叶对生，椭圆形至卵状椭圆形或宽倒卵形，长2~10cm，宽1~4.5cm，全缘，脉间常呈白色；侧脉6~12对。圆锥状聚伞花序腋生或顶生，萼5深裂，花后反卷；花冠白色，芳香，右旋。蓇葖果双生，线状披针形，长10~20cm，宽3~10mm。种子条形，有白毛。花期3~7月；果期7~12月。

广布于鲁中南、胶东山地丘陵；各地栽培。也分布于长江流域至华南，生于山野、溪边、路旁、林缘或杂木林中。喜光，耐阴，喜温暖湿润气候，尚耐寒。对土壤要求不严，耐干旱，也抗海潮风。扦插繁殖。叶片光亮，四季常青，花朵白色芳香，具有很高观赏价值，攀援能力强，适植于枯树、假山、墙垣旁边，令其攀援而上。以其耐阴，也是优良的林下地被。

◆ 大叶胡颓子（圆叶胡颓子）

【学名】*Elaeagnus macrophylla* Thunb.　　　【科属】胡颓子科、胡颓子属

常绿灌木，高2~3m，直立或攀援，无刺。叶厚革质，卵形至近圆形，长4~9cm，宽4~6cm，全缘，上面幼时被银白色鳞片，下面银白色，密被鳞片。花白色，常1~8花生于叶腋短小枝上；萼筒钟形，长4~5mm。果实长椭圆形，被银白色鳞片，长14~18mm，直径5~6mm。花期9~10月；果期翌年3~4月。

分布于威海刘公岛、青岛崂山海滨及大管岛、长门岩、灵山岛等沿海岛屿，青岛等地庭院中偶有栽培。江苏、浙江的沿海岛屿和台湾也有分布。喜光，耐寒；抗海风、海雾；根系发达，耐干旱瘠薄，对土壤要求不严；耐修剪。播种繁殖。秋季开花，花朵白色而芳香，春季果实红艳，是优良的矮墙和栅栏的绿化材料。

枝叶

果实

大叶胡颓子（大管岛野生）

果枝

花枝

◆ 披针叶胡颓子

【学名】*Elaeagnus lanceolata* Warb ex Diels　　【科属】胡颓子科、胡颓子属

常绿蔓生灌木，无刺或老枝上具短刺。叶披针形或椭圆状披针形，长5~14cm，宽1.5~3.6cm，边缘反卷。花淡黄白色，下垂，3~5花呈伞形总状花序。果椭圆形，长12~15mm，径5~6mm，熟时红黄色，果梗长3~6mm。花期8~10月；果期翌年4~5月。

济南泉城公园栽培。产于陕西、甘肃、湖北、四川、贵州、云南、广西等地，生于山地林中或林缘。播种或扦插繁殖。本种与胡颓子相近，区别在于本种的叶片椭圆状披针形，侧脉8~12对，与中脉开展成45° 角，网状脉在上面不明显，花柱多少被星状柔毛，幼枝淡黄白色或淡褐色。

果实

枝叶

披针叶胡颓子（济南）

幼株枝叶

枝叶

薜荔（海阳）

果枝

◆ 薜荔

【学名】*Ficus pumila* Linnaeus　　　　【科属】桑科、榕属

常绿藤本，借气生根攀援生长，小枝有褐色绒毛。叶全缘，2型，在不生花序的枝上小而薄，心状卵形，长1~2.5cm，叶柄长0.5~1cm；在着生花序的枝上大而革质，卵状椭圆形，长5~10cm，宽2~3.5cm。雌雄异株，隐花果单生，梨形或倒卵形，长3~6cm，熟时黄绿色或微带红色，富含淀粉。花期5~6月；果期7~9月。

烟台海阳、莱阳等地栽培。产于长江流域至华南、西南。性强健，生长迅速；耐阴，喜温暖湿润的气候；对土壤要求不严，但以酸性土为佳。播种或扦插繁殖。适于假山、石壁、墙垣、石桥、树的绿化，也用于水边驳岸的点缀。

红金银花

红金银花

果枝

花枝

植株

◆ 金银花（忍冬、双花）

【学名】*Lonicera japonica* Thunb. 【科属】忍冬科、忍冬属

半常绿缠绕藤本，茎皮条状剥落，小枝中空，幼枝暗红色，密生柔毛和腺毛。叶卵形至卵状椭圆形，长3~8cm，全缘，幼叶两面被毛，后上面无毛。花总梗及叶状苞片密生柔毛和腺毛，花冠二唇形，长3~4cm，上唇4裂片，下唇狭长而反卷，初开白色，后变黄色，芳香，雄蕊和花柱伸出花冠外。浆果球形，蓝黑色，长6~7mm。花期4~6月；果期8~11月。

分布于全省各主要山区，普遍栽培，其中临沂平邑的金银花久负盛名。分布于东北南部、黄河流域至长江流域、西南各地。适应性强；喜光；稍耐阴；耐寒；耐旱和水湿，对土壤要求不严，以湿润、肥沃、深厚的砂壤土生长最好；根系发达，萌蘖力强。播种或扦插繁殖。是优良垂直绿化植物。老桩姿态古雅，也是优良的盆景材料。

红金银花（红白忍冬）var. *chinensis* (P. Watson) Baker，茎及嫩叶带紫红色，花冠外面带紫红。泰安、济南、青岛等地栽培。黄脉金银花 'Aureo-reticulata'，叶较小，有黄色网脉，青岛中山公园栽培。

◆ 贯月忍冬

【学名】*Lonicera sempervirens* Linn.　　　　【科属】忍冬科、忍冬属

常绿藤本，全体近无毛，幼枝、花序梗和萼筒常有白粉。叶宽椭圆形、卵形至矩圆形，长3~7cm，顶端钝或圆而常具短尖头，基部通常楔形，下面粉白色，有时被短柔伏毛，小枝顶端的1~2对基部相连成盘状；叶柄短或几乎不存在。花轮生，每轮通常6朵，2至数轮组成顶生穗状花序，花冠近整齐，细长漏斗形，外面桔红色，内面黄色，长3.5~5cm，筒细，中部向上逐渐扩张，中部以下一侧略肿大，长为裂片的5~6倍，裂片直立，卵形，近等大，雄蕊和花柱稍伸出，花药远比花丝短。果实红色，直径约6mm。花期4~8月。

烟台、青岛等地栽培。原产北美洲。可做垂直绿化植物。扦插繁殖。是优良的垂直绿化植物。

花序

花枝

花序及叶

果实

竹类植物

叶片

植株

◆ 阔叶箬竹

【学名】*Indocalamus latifolius*（Keng）McClure　　　【科属】禾本科、箬竹属

灌木状小型竹类，秆高1~2m，径5~15mm，节间长5~22cm。秆圆筒形，分枝一侧微扁，1~3分枝，秆中部常1分枝，与秆近等粗。秆箨宿存，箨鞘有粗糙的棕紫色小刺毛，边缘内卷，箨耳和叶耳均不明显，箨舌平截，高不过1mm，鞘口有长1~3mm的流苏状毛，箨叶狭披针形。小枝有1~3叶，叶片矩圆状披针形，长10~45cm，宽2~9cm，表面无毛，背面略有毛。笋期5~6月。

全省各地栽培。分布于华东、华中至秦岭一带。喜温暖湿润气候，但耐寒性较强，在北京等地可露地越冬，仅叶片稍有枯黄。植株低矮，叶片宽大，在园林中适于疏林下、河边、路旁、石间、台坡、庭院等各处片植点缀，或用于作地被植物，均颇具野趣。

秆及分枝

阔叶箬竹（济南）

鹅毛竹（泰安）

枝叶

鹅毛竹（临沂）

秆及分枝

◆ 鹅毛竹

【学名】*Shibataea chinensis* Nakai　　【科属】禾本科、倭竹属

矮小竹类，高0.3~1m，径2~3mm，中部节间长7~15cm，几乎实心。箨鞘早落，膜质，长3~5cm，无毛，顶端有缩小叶，鞘口有毛。主秆每节分枝3~5，分枝长0.5~5cm，具3~5节，各枝与秆之腋间的先出叶膜质，迟落，长3~5cm。叶1~2枚生于小枝顶端，卵状披针形，长6~10cm，宽1~2.5cm，有小锯齿，两面无毛。笋期5~6月。

泰安、临沂、济南等地栽培。广布于江苏、安徽、江西等地。常成片生于山麓谷地、林缘、林下土壤湿润地区。较耐阴，耐寒性较强。可丛植于假山石间、路旁或配植于疏林下作地被点缀，或植为自然式绿篱，也适于盆栽观赏。

枝叶

菲白竹

叶片

菲白竹（青岛）

◆ 菲白竹

【学名】*Pleioblastus fortunei*（Van Houtte）Nakai　　【科属】禾本科、苦竹属

矮小型灌木竹，高20~30cm，大者不及80cm。秆圆筒形，径1~2mm，光滑无毛，秆环较平坦或微隆起，不分枝或仅1分枝，箨鞘宿存，无毛。每小枝生叶4~7枚，披针形至狭披针形，两面有白色柔毛，下面较密，长6~15cm，宽0.8~1.4cm，绿色，并具有黄色、浅黄色或白色条纹，特别美丽，尤其以新叶为甚。笋期5月。

泰安、济南、青岛、临沂等地栽培。原产日本，广泛栽培。喜温暖湿润气候，耐阴性较强，较耐寒。植株低矮，叶片秀美，特别是春末夏初发叶时的黄白颜色，更显艳丽。常植于庭园观赏，栽作地被、绿篱或与假山石相配都很合适，是优良的盆栽或盆景材料。

◆ 大明竹

【学名】*Pleioblastus gramineus*（Bean）Nakai　　　　【科属】禾本科、苦竹属

秆高3~5m，径5~15mm，通常呈稠密丛生状，秆幼时绿黄色，无毛，布满绿色小点，渐转暗绿色。秆环略隆起，箨环平，箨鞘绿色至黄绿色，箨耳缺，箨舌截形或微凹。秆箨宿存。叶片狭长，披针形至宽线形，两面无毛，叶密集上举。

济南历下区有栽培。原产日本，南京、杭州等地栽培。成丛生长，上部低垂，叶片狭长，形态较优美，常作庭园观赏竹种，适于草地、庭院、山石间。

枝叶

植株

分枝及叶

矢竹（崂山）

植株

◆ 矢竹

【学名】*Pseudosasa japonica* Makino
【科属】禾本科、茶秆竹属

秆高2~5m，粗0.5~1.5cm，秆环较平坦，秆中部以上才开始分枝，每节1分枝，近顶部可分3枝，枝先贴秆然后展开，越向秆顶端则分枝越紧贴秆，二级枝每节为1枝，通常无三级分枝。箨鞘宿存，背面常密生向下的刺毛。小枝5~9叶，狭长披针形，长4~30cm，宽7~46mm。笋期6月。

青岛、济南、泰安、潍坊等地栽培。原产日本。株型低矮，适于草地、庭院、山石间片植点缀。

秆及分枝

◆ 罗汉竹（人面竹）

【学名】*Phyllostachys aurea* Carr. ex A. & C. Riviere
【科属】禾本科、刚竹属

秆高5~12m，径2~5cm，节间较短，基部至中部有数节常出现短缩、肿胀或缢缩等畸形现象，秆环和箨环均明显隆起。新秆有白粉，无毛或箨环上有白色细毛。笋黄绿色至黄褐色，秆箨背部有黑褐色细斑点，箨舌短，先端平截或微凸，有长纤毛，箨叶带状披针形，无箨耳和繸毛。每小枝有叶2~3片，带状披针形，长4~11cm，宽1~1.8cm，下面基部有毛或完全无毛。笋期4~5月。

青岛、临沂、济南、泰安、潍坊栽培。产于黄河流域以南各地，多栽培供观赏。耐寒性强。形如头面或罗汉袒肚，十分生动有趣，常与佛肚竹、方竹配植于庭园供观赏。笋味美。

秆及竹笋

叶片

秆基部

罗汉竹

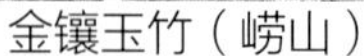
金镶玉竹（崂山）

金镶玉竹 竹笋

黄槽竹

◆ 黄槽竹

【学名】*Phyllostachys aureosulcata* McClure
【科属】禾本科、刚竹属

秆高达9m，径达4cm，较细的秆基部有2~3节作“之”字形折曲，中部节间最长达40cm。新秆略带白粉和稀疏短毛，分枝一侧的沟槽黄色，秆环中度隆起，高于箨环。笋淡黄色，箨鞘背部紫绿色，常有淡黄色条纹，无斑点或微具褐色小斑点，无毛，有白粉。箨叶三角形或三角状披针形，直立、开展或外翻，有时略皱缩。末级小枝有叶2~3片，叶片披针形。笋期4月下旬至5月。

鲁中及鲁南地区常有栽培。原产浙江、江苏、河南、北京等地，黄河流域至长江流域常见栽培。适应性强，耐–20 ℃低温，耐轻度盐碱。

黄皮京竹（黄秆京竹）‘Aureocaulis’，秆全部金黄色或基部节间偶有绿色条纹，各地栽培。京竹‘Pekinensis’，全秆绿色，无黄色纵条纹，青岛黄岛区、崂山区栽培。金镶玉竹‘Spectabilis’，秆金黄色但沟槽绿色，分枝一侧有绿色条纹，叶有时有黄色条纹，青岛、临沂、枣庄、泰安、日照、潍坊等地栽培。

◆ 毛竹

【学名】*Phyllostachys edulis*（Carr.）J. Houzeau　　　【科属】禾本科、刚竹属

秆高10~20m，径达12~20cm。下部节间较短，中部以上节间可长达20~30cm。分枝以下秆环不明显，仅箨环隆起，新秆绿色，密被细柔毛，有白粉，老秆灰绿色。笋棕黄色，箨鞘厚革质，有褐色斑纹，背面密生棕紫色小刺毛，箨舌呈尖拱状，箨叶三角形或披针形，绿色，初直立，后反曲，箨耳小，繸毛发达。叶2列状排列，每小枝2~3叶，较小，披针形，长4~11cm，宽5~12mm。笋期3~5月。

临沂、青岛、泰安、日照、枣庄等地栽培。原产我国，在秦岭至南岭间的亚热带地区普遍栽培，以福建、浙江、江西和湖南最多。喜肥沃深厚而排水良好的酸性砂质壤土，在干燥的沙荒石砾地、盐碱地、排水不良的低洼地均不利生长。

竹笋　　毛竹林（青岛）　　秆及分枝

毛竹林（蒙山）　　新秆

◆ 淡竹（粉绿竹）

【学名】*Phyllostachys glauca* McClure　　　　【科属】禾本科、刚竹属

秆高5~12m，径2~5cm，中部节间长达40cm，无毛；新秆密被雾状白粉，老秆绿色或灰绿色，仅节下有白粉环。秆环与箨环均隆起。箨鞘淡红褐色或淡绿褐色，有显著的紫脉纹和稀疏斑点，无毛，无箨耳和縫毛，箨舌截形，高约2~3mm，暗紫褐色，箨叶线状披针形或线形，绿色，有多数紫色脉纹，平直或幼时微皱曲。末级小枝具2~3叶，叶片长7~16cm，宽1.2~2.5cm。笋期4月中旬至5月底。

全省各地普遍栽培。分布于黄河以南至长江流域各地，以江苏、安徽、山东、河南、陕西较多。适应性强，适于沟谷、平地、河漫滩生长，耐一定程度的干燥瘠薄和暂时的流水浸渍；在–18 ℃左右的低温和轻度的盐碱土上也能正常生长。可用于庭院、公园小片丛植，也可于风景区大面积栽培。

筠竹（花斑竹）'Yunzhu'，竹秆上有紫褐色斑点或斑块。鲁西等地栽培。

淡竹林（徂徕山）

秆及分枝

淡竹林（泰安）

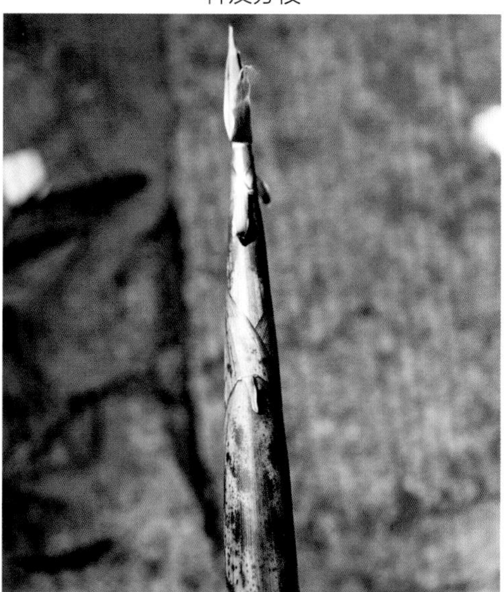

竹笋

枝叶

花序

早园竹（德州）

新秆

◆ 早园竹

【学名】*Phyllostachys propinqua* McClure　　　　【科属】禾本科、刚竹属

秆高约6m，径3~4cm。新秆具白粉，光滑无毛，秆环与箨环均略隆起。箨鞘淡黄红褐色，无毛和白粉，具褐色斑点和条纹，无箨耳和繸毛，箨舌弧形，箨叶披针形或线状披针形，背面带紫褐色，外翻。末级小枝具2~3叶，叶舌强烈隆起，先端拱形。出笋持续时间较长，笋期4~6月。

济宁、菏泽、潍坊、泰安、德州、临沂、青岛等地普遍栽培。主产华东，北京、山西、河南常见栽培。抗寒性强，耐–20 ℃低温；适应性强，稍耐盐碱，在低洼地、砂土中均能生长。秆高叶茂，是华北园林中栽培观赏的主要竹种之一。

◆ 紫竹

【学名】*Phyllostachys nigra*（Lodd. & Lindl.）Munro.　　【科属】禾本科、刚竹属

秆高4~8 (10)m，径2~5cm，中部节间长25~30cm，壁厚约3mm，幼秆绿色，密被短柔毛和白粉，1年后竹秆逐渐出现紫斑最后全部变为紫黑色，无毛，秆环与箨环均甚隆起，箨环有毛。箨鞘淡玫瑰紫色，被淡褐色刺毛，无斑点，箨耳发达，镰形，紫黑色，箨舌长而隆起，紫色，边缘有长纤毛，箨叶三角形至三角状披针形，绿色但脉为紫色，舟状。叶片薄，长7~10cm，宽约1.2cm。笋期4~5月。

济南、青岛、泰安、临沂等地栽培。分布于长江流域及其以南各地，湖南南部至今尚有野生紫竹林；河南、北京、河北、山西等地有栽培。适于土层深厚肥沃的湿润土壤，耐寒性较强，可耐–20 ℃低温。

枝叶

秆及分枝

紫竹

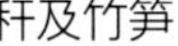

秆及竹笋

紫竹（青岛）

斑竹林

斑竹（秆）

桂竹

寿竹

◆ 桂竹

【学名】*Phyllostachys reticulata*（Rupr.）K. Koch.　　　【科属】禾本科、刚竹属

秆高达20m，径8~14cm，中部节间长达40cm；幼秆绿色，无毛及白粉，秆环、箨环均隆起。箨鞘黄褐色，密被黑紫色斑点或斑块，疏生淡褐色脱落性硬毛，箨耳矩圆形或镰形，紫褐色，偶无箨耳，有长而弯的繸毛；箨舌拱形，淡褐色或带绿色，箨叶带状，中间绿色，两侧紫色，边缘黄色。末级小枝具2~4叶，叶片长5.5~15cm，宽1.5~2.5cm。出笋较晚，笋期5月中旬至7月。

青岛、枣庄、泰安等地栽培。原产我国，北自河北、南达两广北部，西至四川、东至沿海各地的广大地区均有分布或栽培。喜温暖湿润，但耐寒性颇强，耐−18 ℃低温，喜深厚而肥沃的土壤。

斑竹（湘妃竹）‘Lacrma-deae’，绿色竹秆上布满大小不等的紫褐色斑块与斑点，分枝亦有紫褐色斑点，边缘不清晰呈水渍状，各地栽培。寿竹‘Shouzhu’，新秆微被白粉，秆环较平坦，箨鞘无毛，常无箨耳和鞘口繸毛，青岛黄岛区栽培。

◆ 刚竹

【学名】*Phyllostachys sulphurea*（Carr.）Rivière & C. Rivière var. *viridis* R. A. Young
【科属】禾本科、刚竹属

单轴散生型，秆高6~15m，径4~10cm。新秆鲜绿色，有少量白粉，分枝以下秆环较平，仅箨环隆起，中部节间长20~45cm。箨鞘乳黄色，有褐斑及绿脉纹，无毛，微被白粉，无箨耳和繸毛；箨舌绿黄色，边缘有纤毛，箨叶狭三角形至带状，外翻，绿色但具橘黄色边缘。末级小枝有2~5叶，叶片长圆状披针形或披针形，长5.6~13cm，宽1.1~2.2cm。笋期5月。

青岛、日照、烟台、济宁、泰安、枣庄等地栽培。原产我国，主要分布于黄河以南至长江流域各地。喜温暖湿润气候，但可耐–18 ℃极端低温；喜肥沃深厚而排水良好的微酸性至中性砂质壤土，在干燥的沙荒石砾地、排水不良的低洼地均生长不良，略耐盐碱。

绿皮黄筋竹（碧玉间黄金竹、黄槽刚竹）'Houzeau'，秆绿色，有宽窄不等的黄色纵条纹，沟槽黄色，青岛、泰安等地栽培。黄皮绿筋竹（黄皮刚竹）'Robert Young'，幼秆绿黄色，后变为黄色，下部节间有少数绿色条纹，泰安、青岛等地栽培。

黄皮绿筋竹

枝叶

刚竹

绿皮黄筋竹

刚竹林（德州）

参考文献

1. 李法曾. 2004. 山东植物精要【M】. 北京: 科学出版社.

2. 李文清. 臧德奎，解孝满. 2016. 山东珍稀濒危保护树种【M】. 北京:科学出版社。

3. 魏士贤. 1984. 山东树木志【M】. 济南: 山东科技出版社.

4. 臧德奎. 2015. 山东木本植物精要【M】. 北京: 中国林业出版社.

5. 臧德奎, 李鹏波, 王瑾. 2001. 山东园林中常绿阔叶树种的选择和应用【J】. 中国园林. 2001 (5) : 71-73

6. 中国科学院中国植物志编委会. 1961~2002. 中国植物志【M】. 北京: 科学出版社.